无奇不有的动物王国

纸上魔方◎编著

U0212826

重庆出版集团 ◎ 重庆出版社

目 录
contents

晕头晕脑
的近视眼

在遥远的新西兰，住着一种稀奇古怪的近视眼，它们总是晕头晕脑的，因此也常常惹出笑话。虽然是鸟，但是这种鸟却不会飞翔，它们是没有长出翅膀吗？这种鸟长得很像小鸡，那它们的生活习性和小鸡一样吗？小朋友们想认识这个新朋友吗？我们赶快去看看它是谁！

这只鸟的翅膀呢?

这是一只常常遭到冤枉的鸟,因为它们没有飞翔的本领,所以很多人都认为它们没有翅膀,还给它起名叫"无翼鸟",于是它愤怒了,大吼一声:"我叫几维鸟!"。人们逐渐对几维鸟有所了解,知道它们不是没有翅膀,而是翅膀长得很小,这对小小的翅膀藏在羽毛中,几乎看不到它们的存在。虽然几维鸟没有飞翔的本领,但它们在遇到危险的时候,那双健壮有力的腿也可以带它们像飞一样地逃跑呢!

被睡眠借走的大嘴巴!

几维鸟最喜欢夜晚了,在漫长的白天它们只好闭上眼睛,做起了"白日梦"。几维鸟在森林和灌木丛中,过着群体的生活。当夜晚来临时,蠕虫、蚯蚓、蜥蜴、老鼠和贝类等就要迎来恶梦了,因为几维鸟要用它们来补充自己的体力,而且它们的饭量可大着呢!一次要吃掉几十条蚯蚓才能填饱肚子。除了吃这些,几维鸟也会给自己改善一下伙食,比如去海面捕鱼,从树洞里拖出兔子,都是它们不错的大餐!

几维鸟有着一张大大的嘴巴,这在鸟类世界也不算稀奇,可是几维鸟总能想出高超的怪想法，这就让普通的事物不再普通。它的大嘴巴可不只是捕猎、吃东西的工具，同时还被睡眠借去当了拐杖。这是什么情况呢？原来几维鸟的嘴很大，身子很胖，在睡着的时候，就会东倒西歪，如果不借用嘴巴当拐杖，那它们一定会在睡梦中摔到地面上的。

为什么叫几维鸟呢？

几维鸟这个名字的由来非常有意思，就像大人们常喝的咖啡一样，是从英文单词中音译过来的。它们有着自己的语言，但是我们人类是听不懂的，可是见到过几维鸟的人，都记住了它们"几维、几维"的声音。慢慢地，了解它们的人越来越多，一听到这种声音，就知道是它们在说话呢。于是，人们就管这种鸟叫做"几维鸟"。

哇！新西兰的骄傲！

在古老的新西兰，南北两岛上本没有走兽和蛇的存在，几维鸟在这里过着安逸的生活。地面为它们提供了丰富的食物，几维鸟也不再留恋天空，安心待在地面上，放弃了飞翔。经过无数次的蜕变后，它们真的变成了"无翼鸟"，新西兰也因生活了太多这样的鸟，而被称做"无翼鸟的故乡"。

但几维鸟可不是一般的鸟哦，它们拥有非常高的荣誉。新西兰人喜欢以"几维"自称，因为几维鸟是他们的骄傲。在新西兰的很多地方，都能够看到几维鸟的标志，比如在一些钱币上，一面印有英国女王伊丽莎白的头像，另一面印的就是几维鸟。新西兰人太喜欢它们了，甚至把几维鸟作为国徽上的图案，因此几维鸟也成了新西兰的国鸟。

哈哈！都是视力惹的祸！

几维鸟的嗅觉很灵敏，它们捕猎时都是依靠强大的嗅觉。但似乎有长处就会有短处，它们的眼睛很小，视力也很不好。这个不好的视力，常让它们非常尴尬。曾经有过这样一个报道：生活

在动物园里的几维鸟，白天迷迷糊糊地走路，居然径直撞到了篱笆上。这件事被传了出去，很长时间都被人当做笑料取乐。

几维鸟在茂密的森林里过着群居的生活，由于视力不好，它们很难看清同伴，于是它们就用鸣声来保持相互之间的联系。几维鸟虽然喜欢过热闹的群居生活，但它们不喜欢其他领域的同类来串门，它们会用嗅觉或听觉探测，如果有陌生的气味或动静，就会对对方毫不客气地驱逐。

猜猜看

几维鸟为什么让人哭笑不得？

几维鸟太受宠爱了，所以它们压根儿就不怕人类。好奇心强大的几维鸟，常常让在附近生活的人们哭笑不得。几维鸟总在夜间活动，当它们发现谁家没有关好大门，一定要偷偷溜进去，找找有没有好玩儿的东西。比如钥匙、汤匙，这都是几维鸟非常喜欢的玩具，只要发现就毫不客气地带走啦。

有一种鸟，体型非常大，当它伸着纤长的脖子，挥展雪白的羽衣时，就像美丽优雅的白雪公主一样。人类对它十分欣赏，还编排了以它命名的舞蹈，它的美丽在人们的心中已成为一个标志。可是它们小时候却很丑，它们到底是谁？究竟拥有怎样的美丽和怎样的故事？让我们一起去看看吧！

这个美丽"代言人"是谁呢？

这个像白雪公主一样美丽迷人的鸟儿就是天鹅。它们婀娜的姿态在起飞时舒展动人，浮游于水面时又像一幅恬静优雅的画。天鹅美不可言的外表让很多人迷恋，依照它们编成的天鹅舞，至今仍然被人们当做最优雅的表演。很多小朋友也在学习天鹅舞，通过它来提升自己的气质。显然，天鹅的公主形象已经被全世界所认可。在

天鹅的家族中，生活着通身雪白的白天鹅，叫声清脆的小天鹅，遍身黑羽的黑天鹅，还有尊贵无比的大天鹅，它们都被当做人们心中的美丽"代言人"呢！

珠穆朗玛峰的伤心事！

　　天鹅那么大，小朋友一定会认为，它们只能游在水里或漫步在岸边。那你可小看了它们，它们的飞行本领可大了，能飞到很高很高的云层上呢！究竟有多高，我们来看一下吧！

　　小朋友应该都知道珠穆朗玛峰了，它是世界最高峰，总是矗立在云端傲视着群山的渺小，但一见到天鹅，珠穆朗玛峰就羞怯难当。因为天鹅不仅体态优美，而且还是飞得最高的鸟类。它们飞过的高度珠穆朗玛峰要仰头才能望见，只得自愧不如。

每当寒冷的冬天快要到来时，就会有成群的天鹅排成斜线或"人"字形队列，飞翔在高高的空中，迁徙到温暖的地方去。

顶风前行的美丽风景

天鹅总会被比做柔美的女子，所以常有人认为，它们有着纤细的身材，但事实却相差很远。最大的大天鹅比很多低年级的小学生都要高呢！这么大的体型，要想飞起来一定是很困难的。但是天鹅有个好办法，当它们要飞到天空时，就会在水上"助跑"一段距离，并且借助翅膀用力地拍打水面，通过这样产生一定的速度后才飞起来。

天鹅不仅外表美丽，它们还有着坚韧不拨的精神哦！每当天鹅家族排好队准备一同飞走时，排在最前面领头的，会是这个家族的公天鹅。它会不停地点着头，发出咕咕的声响，以征求家族的意见，如果家族的成员也向它点头，它便会很快带领大家飞向远方。

天鹅的起飞和降落都会选择逆风的方向，虽然我们还不能理解它们的做法，但这种刚中有柔、柔中带刚的精神总会给人们带来很多启发，也鼓舞着很多人！

天鹅拥有怎样爱?

在天鹅的世界里，每一个成员都会找到一个相守一生的伴侣。不管走到哪儿，它们都会相依相伴，一起捕食、嬉戏、休息、养育子女。相敬如宾的它们，在遭遇侵袭者时，雄天鹅会奋不顾身地冲上前去，保护全家的安全。

如果一方先死了，另一方就会变得郁郁寡欢，甚至是绝食、撞墙而死，有的天鹅实在忍受不了失去爱人之痛，还会选择从高处直冲入湖水，将自己淹死在水中。直到今天，天鹅对爱情的忠贞仍然是个美丽的谜。

它们对人类也有感情吗?

天鹅的爱是博大的，它们就像是善良的天使，不仅对同类有爱，甚至要帮助过它们的人，天鹅都会感恩的。

曾经有一只洁白无暇的天鹅途经安徽时，翅膀因受伤而跌落到池塘。当地的农民发现后把它救起，带回家中小心翼翼地给天鹅的翅膀上药止血，消毒包扎。夜里，天鹅因疼痛而不停地扑腾，伤口又流出血来，农民夫妇担心地把它抱在怀里，一直坐到天明。

在这对善良夫妻的精心呵护下，天鹅很快便恢复了健康，经过这些天的接触，天鹅对这对夫妇产生了深厚的感情，当夫妇找来林业局要将天鹅送到野生动物救护中心去时，被暂时圈起的天鹅猛地伏下身来注视着农夫，沙哑地嘶叫着，并用嘴轻吻着农夫的手指，天鹅恋恋不舍的这一幕让所有在场的人都为之动容，农夫也感动得落了泪。

猜猜看

天鹅是不是"淑女"呢？

天鹅看起来这么温柔，又很懂得感恩，在人们的心中，有着高雅圣洁的形象。但是，这些美丽的天鹅，它们的"淑女"形像可禁不住美食的诱惑哦！常常会因捕食心切，而忽略了自己的形象，此时的姿势可就不那么矜持了。当天鹅为了寻找水草和虫子时，就会把长脖子伸进水里奋力搜捕，这时就只剩下臀部翘在水面上了。其实和人类一样，再美丽的面容也难免会有丑丑的瞬间，天鹅为了生存偶尔不雅一回也是可以体谅的。

15

"美女"与"野兽"

在古希腊有位作家，他曾经描述过一只勇敢的小鸟，这只小鸟不仅不怕大鳄鱼，还会很厉害地把它们吵醒，然后蹦到它们张开的嘴里。大鳄鱼是多么凶残的动物啊！它会听一只小鸟的话吗？当这只小鸟跳进大鳄鱼的嘴里时，会不会被它吃掉呢？很多专家都很想见见这只勇敢的小鸟，他们不惜用很多年的时间去寻找，最终他们找到了吗？这只小鸟又是谁呢？带着这些问题，我们也去寻找吧！

"美女"与"野兽"只是童话吗？

古希腊的作家希罗多德游历了很多很多的地方，他常喜欢把自己旅行时的所见所闻记录下来，在他的记录中有这样一件神奇的事情：在非洲生活着一种鸟，这种鸟神通广大，它能毫不客气地吵醒睡梦中的鳄鱼，并让鳄鱼乖乖地张开嘴，任凭它在里面东敲西啄却丝毫不会伤害这只小鸟。这只鸟被后来人称做"牙签鸟"。

可是，希罗多德像是给人们留下了一段神话，真的有不怕鳄鱼的小鸟吗？

看过《美女与野兽》这部动画片的小朋友也许会

想，可能是鳄鱼爱上这只小鸟了，才会纵容它的打扰和无理。真的是这样吗？

美女与野兽只是童话中的，摄影家及动物爱好者想要看见的是现实中的真相。于是他们纷纷带上相机来到非洲大陆，只为寻找并亲眼目睹这一神奇的画面。

可是，在希罗多德去世后，不管是考察团的众多科学家还是摄影爱好者，始终都没能见到这一场面，经历了太久的时间，他们渐渐放弃了寻找。难道鳄鱼与小鸟真的只是希罗多德写下的一个童话吗？

这只小鸟会治病？

对牙签鸟的寻找沉寂了很久很久。这期间也有两位动物学家

说看到过这种现象，并且详细地描述了一番。经过很多分析，动物学专家认为鳄鱼对待牙签鸟的仁慈只是为了治病。这是怎么回事呢？

以肉食为主的鳄鱼，饱餐过后没有牙刷和牙膏来清理自己的牙齿，长此以往它们的牙齿就会坏掉。而牙签鸟恰恰是鳄鱼的"牙科医生"，它们专门吃鳄鱼牙齿缝间的鱼、蚌、蛙、田螺等肉屑，这不仅填饱了自己的肚子，而且为鳄鱼治了病，因此鳄鱼与牙签鸟成了最好的朋友。

对牙签鸟的联想

在希罗多德提到这种小鸟后，很多动物学家就开始对牙签鸟进行分析，他们认为牙签鸟应该是分布在尼罗河流域被称为"埃及鸻"的鸟，这种鸟与鸽子差不多大，羽毛由十分醒目的黑、白、灰、浅4种颜色组成。而且"埃及鸻"还有个暴脾气，不管是同类还是更大更凶猛的敌类，只要侵入它们的领地，"埃及鸻"就会毫不客气地展开翅膀顽强地把它们打到败退。于是对牙签鸟的猜想又浮出了水面，难道传说中的牙签鸟，真的曾经狠狠地教训过鳄鱼，以致鳄鱼担惊受怕不敢再肆意妄为？

继续寻找的旅程

豪威尔是美国加州大学的鸟类专家，他对牙签鸟一直都抱有极大的好奇心。专家分析的"埃及鸻"成为它要寻找的目标，这种鸟应该位于非洲埃塞俄比亚的甘贝拉地区，豪威尔就带着简单的行李来到这里开始了长达两个半月的考察。为了早点看到那曾经令很多人"魂牵梦绕"的画面，豪威尔不知付出了多少辛苦，每日早出晚归，拍下了很多"埃及鸻"不为人知的有趣的生活习性，但遗憾的是，豪威尔始终没能看到它们飞到鳄鱼嘴里吃东西的画面，因此"埃及鸻"就是牙签鸟的说法破灭了。

牙签鸟终于出现了

蓦然回首，牙签鸟竟然在这里！

泰国有一个著名的鳄鱼湖。这里有非常适合鳄鱼生长的环境。来这里游玩的人们总能看到大大小小、颜色深浅不一的鳄鱼出没。每当鳄鱼趴在沙滩上慵懒地晒太阳时，背上就会落满小鸟，通过动物学家的观察，这些鸟的一系列表现竟然同希罗多德提到的牙签鸟一模一样，后来经过研究分析，它们正是人们多年来苦苦寻找的牙签鸟。

猜猜看

牙签鸟能保护大鳄鱼吗？

鳄鱼虽然有着庞大的身躯，但反应却非常迟钝。牙签鸟虽然小，可感觉器官却十分灵敏，在鳄鱼嘴里清理残渣或站在它们背上啄小虫时，牙签鸟也会对周围的一切非常警惕，一旦发现敌情，它们就会立即惊叫着飞走，这时，鳄鱼也会迅速爬回水塘，钻进水里躲避敌害。因此就有了牙签鸟是鳄鱼的"警卫员"一说。

有一种鸟，我们非常熟悉。它们已经成为很多家庭的宠物。它们非常喜欢主人的陪伴，如果经常和它们讲话，有一天，它们也会用我们的语言，向我们打招呼呢！这是不是很神奇呢？可是它们像孩子一样，要有好的环境才能健康成长，否则也会变成坏孩子的。想知道发生什么事了吗？我们快去看看吧！

这只会说话的鸟叫什么？

在森林中住着一种美丽的鸟，它们色彩绚丽，音域高亢，并且长着独具特色的钩喙（huì）。经人类的发现和培养，它们竟然能学人类说话！这种神奇的鸟叫做鹦鹉。鹦鹉在人们精心的培育下，不仅能模仿简单的语句，还能把这些话用在不同的地方，给人们带来了很多乐趣。同时，人们也在猜测，也许鹦鹉能够学习更多的语言呢！

哇！鹦鹉的嘴里藏着秘密呐！

鹦鹉在学习说话的时候，也像小朋友一样，需要一个好的学习方式，这样才能有兴趣学。当鹦鹉有了适合自己的学习方法后，就能学会认识一些物品和不少的词汇，还能将一些词组合起来，描述初次见到的东西。这听起来是不是很神奇呢？难道它们真的能够理解人类的语言吗？它们真的能用人类的语言表达自己的感受吗？这些到目前还是个

谜，需要我们共同来发现。

鹦鹉为什么和其他的鸟不一样呢？原来在它们的嘴里藏着一个秘

密，这个秘密就是它们的鸣管和舌头。鹦鹉的鸣管与人类的声带构造十分相近，它们的发声器官除了具有鸟类的基本特征以外，在构造上比一般的鸟更加完美。它们能学人类说话，是因为鸣管中长着特殊的肌肉——鸣肌，还有和人类相像的舌头在起作用。正因为这些优越的条件，鹦鹉才能惟妙惟肖地模仿人语。

鹦鹉的亲戚在哪儿呢？

鹦鹉的长相非常古怪，这让喜欢它们的人都产生了极大的好奇。鹦鹉究竟和谁有着血缘关系呢？人们甚至猜想它是不是鸽子和杜鹃的后代。为了给鹦鹉找到真正的亲缘，专家开始用DNA来破解谜团。但鹦鹉的进化历程似乎很复杂，这可给专家出了难题。不过在国外先后发现了两块类似鹦鹉的化石，人类还在对这些化石进行研究，相信用不了太久，鹦鹉就会找到自己的亲戚了！

是谁教坏了这只鹦鹉？

英国有个胆子超大的"坏孩子"，非常没有礼貌。它曾经对着女市长尖声叫着"滚开"，还对教区的牧师和警察骂声连连。更让人们恼怒的是，这个"坏孩子"不仅自己脏话连篇，还教坏了与它同住的伙伴，它们都是一个叫吉莱维克的人养的鹦鹉。可吉莱维克对这些坏家伙却非常镇定，他认为对这几个"坏孩子"应该宽容，因为这些脏话显然是前主人教的，而鹦鹉本身并没有选择学习的能力。

怀念那只明星鹦鹉！

美国女科学家爱伦·皮普伯格曾训练过一只明星鹦鹉，它的名字叫爱列克斯，爱列克斯不仅能懂得人类语言的含义，而且还能够巧妙地运用这些语言。经测试，爱列克斯的智商竟然相当于一个五六岁的儿童，它可以学会150个单词，认识近50种物体。另外爱列克斯还能准确地识别出红色、绿色、蓝色、灰色和黄色等共7种颜色。

说起这只明星鹦鹉，还有很多有趣的故事呢！在它回答人们问题时，有时也会感到无趣，这时它就会故意语无伦次。当看到爱伦·皮普伯格生气了，还会乖乖地向她道歉，这一切都让爱伦·皮普伯格对它爱如珍宝。

就在爱列克斯去世的那天晚上，爱伦还与它进行了这样一段温馨的晚安道别，主人说："你真好！"爱列克斯说："我爱你！""我也爱你！"主人答道，"你明天能来吗？"爱利克斯期盼地看着主人，说道："当然，我明天会来的！"但爱列克斯最终还是离开了它心爱的主人，这让爱伦·皮普伯格和所有爱列克斯的粉丝都伤心欲绝。

猜猜看

最长寿的鹦鹉是哪位？

鹦鹉被很多家庭当做宠物，成为家庭中的一员。但这个新成员能活多久呢？其实鹦鹉的品种有很多，这与它们的寿命关系也很大。其中小型鹦鹉的寿命一般在7～20年，中大型的鹦鹉平均寿命一般在30～60年，但也有些能够活到80岁左右。这简直就是个奇迹！你知道世界上最长寿的鹦鹉活到多少岁吗？在1957年11月5日，一只名叫詹米的亚马逊鹦鹉走完了它的一生，享年105岁。看，鹦鹉绝对可称为鸟类中的老寿星了吧？

脚下有个小"人"国

如果一个人个子小小的，我们通常都会觉得他的力气也一定很小，但是，在动物的王国里，就有一个黑黑的小个子，它虽然很小却有着超强的力气！能够搬动比它大百倍的东西。这个大力士，虽然力气很大，可脾气却很好。在它们的王国里从来没有争吵，彼此之间相互关照，充满了温馨。在这个王国里还有很多有趣的事情呢！我们快去看看吧！

小"人"国里住着谁呢?

就在我们的脚下,生活着一个小"人"国。它们的数量很庞大,遍布了所有的角落,稍不留神,就会被我们踩在脚下哦!这些小家伙就是我们熟知的蚂蚁。蚂蚁王国是个热爱和平、不搞分争的大国,在这个王国里人人平等,从来不会有谁受到排挤。它们每一个成员都有自己明确的任务,每一份工作对它们的生存都很重要。

这对触角好神奇啊!

小蚂蚁就生活在我们的身边,可是我们好像从来没听过它们发出声音。那小蚂蚁之间是怎么交流的呢?其实它们是没有声音的小动物,但是这并不妨碍它们彼此的交流。因为每个蚂蚁的头上都有一对触角,这对触角虽然十分细小,可是小蚂蚁们却能够通过它来相互传达信息。有时我们会观察到,两只小蚂蚁会将触角紧密地碰在一起,它们在做什么呢?其实它们正在说悄悄话哦!这就是蚂蚁王国的独家交流方式,这个方式让它们相互合作,保证了蚂蚁王国充足的粮储。

这些小蚂蚁还有一个有趣的嗜好，就是"说服"其他蚂蚁。但这可不是好胜心过强的表现，它们每一个成员都很爱自己的家园，希望它们生活的环境拥有丰富的食物。所以当它们发现这个地方时，就会和同伴商量"迁都"的问题。它们必须有足够的证据和极具吸引力的理由，否则，它们的建议不会得到同伴的肯定。

蚂蚁也有情感吗？

小蚂蚁很爱很爱它们的家，不管走多远，它们都会回到自己的家中。而对于小小的蚂蚁来说，几百米以外的地方已经算是很遥远的距离了，那它们是通过怎样的本领来保证不会走丢的呢？原来它们会用识别气味的方法来寻找回家的路。这样它们就可以放心地出

门啦!

　　小蚂蚁还是个非常爱帮助别人的好孩子呢! 在它们特殊的身体结构中，长有一个可以储存多余食物的胃，当它们遇到饥饿的伙伴时，就会毫不犹豫地把这些食物奉献出来，即便它们并不认识这只小蚂蚁。不仅如此，如果它们的团体遇到危险的话，这些小蚂蚁甚至可以舍弃自己的生命去全力保护呢! 它们的王国就像一个大磁铁，紧紧地将这里的每一个成员吸在一起，谁也不愿离开谁。

　　在蚂蚁的世界里，还有这样一个奇特的现象，当一只蚂蚁死后，其他的小蚂蚁都会对它恋恋不舍。它们会派出"送葬人"把死去的同伴送抬到距蚁窝不远的墓地，有趣的是，送葬的小蚂蚁还会在那里挖出一个小坑，然后把死者埋在里面。

蚂蚁的畜牧场

　　蚜虫是啃食农作物的坏孩子，但这个坏孩子却受到了蚂蚁的保护，如果蚜虫遭遇天敌的攻击，蚂蚁就会奋力帮忙把它们驱赶走，当弱小的蚜虫被大风吹到地上时，蚂蚁还会像守护自己的宝宝一样，把它们叼回到植物的茎叶上。如果蚜虫的身体不好了，蚂蚁就把它带回巢穴中，将它养好再送回植物上。

忙碌的蚂蚁，还要守护自己的牧场哦，这是真的吗？这么小的蚂蚁还有牧场？其实被它们圈养起来的就是那些坏坏的蚜虫。蚂蚁会把蚜虫关起来，用很多的枝条和黏土垒成土坝，然后会有专门的蚂蚁来看守，以防外面的蚂蚁来抢夺。

当这个牧场拥有太多的蚜虫而变得拥挤时，它们还会把部分蚜虫迁移到新的地方，蚜虫的卵也会带到巢穴，悉心地孵化出来。直到春天，小蚂蚁再把这些蚜虫宝宝送回嫩枝上生活。

蚂蚁这么做，都是因为它们爱吃糖果哦！这些糖果正是蚜虫送来的呢。原来蚜虫在

吸食植物的汁液时，不仅滋养了自己，同时还能排出一种透明的黏乎乎的东西，这种东西含有大量的糖，被人们称做"蜜露"，这个蜜露就是蚂蚁最最喜欢的美味了！

猜猜看

小蚂蚁为什么要给蚜虫按摩？

可别看小看了这些蚂蚁哦！它们虽然小，但是却十分聪明，它们不仅会全心全意地保护蚜虫，还会充当蚜虫的按摩师呢！这是为什么呀？原来蚜虫在受到蚂蚁的按摩后，就会增加分泌蜜露的数量，小蚂蚁就可以把这些蜜露搬运回巢穴中储存起来了，这在我们人类研究的生物学上，被称为"共生现象"哦！

挡在面前的"假老虎"

当我们在公园里悠闲地散步时，会有一个假老虎对我们"拦路抢劫"。小朋友们不用怕，这个假老虎可没有真老虎那么大的威力，它只会站在前面吓唬人，其实它胆子很小呢！我们还可以抓到它们玩游戏，这个小虫虫可是非常有意思的，它是谁呢？我们怎么才能找到它们呢？那就要小朋友到下面的文字当中去探索一番啦！

这个"假老虎"是谁呢？

这个假老虎其实只是一只小虫子，但它的胆子非常大，常会飞到我们面前，直直地盯着我们看，当我们走向它时，它又会头朝着我们低飞着后退，总是神秘地保持着三五米的距离，又一直拦在你的前面，这种怪怪的虫子叫做虎甲，它因为特殊的习性而被人们称做"拦路虎"和"引路虫"。目前虎甲在世界上有2000种左右，其中中国有100多种。

来！让我们看看你

因为虎甲总是不近不远地躲着我们，所以小朋友很难看清它们。其实它的体型不大，整个身体就像是一个金属壳样发着光泽，长长的身躯穿着一件斑斑点点的衣服，看起来很鲜艳。它长着大大的脑袋和凸出的复眼，触角长在两眼之间，像小细丝一样，长长的被分出11节。而它们的腹部总是抱怨鞘翅太长，盖住了其全部，那6条细长的胸足则会带着它们迅速地跑开。漂亮的虎甲最喜欢在地面散步了。

虎甲也有"小名"吗？

虎甲也叫骆驼虫。从虎怎么变成骆驼了？这可真是奇怪呢！小朋友们仔细观察一下它们就明白了。你看，它们的胸部总是驼起来，像个小小的山坡，而腹部又弯成一个月弧状，这样的形体让人看起来总会想到沙漠的骆驼兄！唯一有点特别的，就是在它们的第5节腹部背面凸起的地方，长着一对逆钩，这对逆钩可是很厉害的哦！

模仿小草有绝招！

虎甲的家在深深的洞底，肚子饿的时候，它们会用自己背上的逆钩固定好身体，爬出洞口。虎甲捕食时很聪明，它们知道自己的猎物喜欢小草，就把自己的上颚和触角落出洞外，然后模仿小草晃动的姿

态，当猎物毫无防备地爬到不远处时，它们就会突然一跃，将猎物拖到洞里去。但有时它们的模仿也会因暴露而引来天敌，自己被当做食物吃掉！

遇到敌人怎么办呢？

虎甲引来天敌时怎么办呢？其实虎甲有着一套保卫方法。当它们假装小草不幸引来天敌的攻击时，就会弯曲着身体迅速躲进洞里去，可是即便这样，有时也会被天敌死死地咬住上颚。"这个坏家伙！你不放，我也不放"，于是虎甲就用腹背上的逆钩死死地钩住洞壁跟天敌拔起河来，"想吃我，你得比我力气大才行！"

猜猜看

骆驼虫会陪我们玩儿游戏吗？

哦！骆驼虫有着自己独特的防卫方法来玩钓鱼的游戏，小朋友就可以利用它们的防卫方法来玩钓鱼的游戏。我们先在草地找到小洞口，然后用把一根细草秆插到洞内，静静地观察草秆的动静，看到草秆轻轻摆动时就迅速提出，这时，一只驼背的骆驼虫就被钓出来了，它们正死死地咬着草秆用力呢，因为这就是骆驼虫防卫的方法，它也因此自投罗网啦。

幼年时的虎甲叫做骆驼虫，它们可是很厉害的

黑黑的
发明家

  在英国，有一种鸟被视为王室的宝贝，它们黑鸦鸦地聚集在伦敦塔里，每天都会有很多人为它们送吃的。传说，如果伦敦塔里这些黑黑的鸟儿都离开的话，不列颠王国和伦敦塔将会要崩溃，它们可真是幸运的宠儿呢！可是在中国，却很少有人喜欢它们，人们都觉得这些鸟不吉利，这是怎么回事呢？它们到底是谁呢？我们快去看看黑黑的它，说不定还有更多的神奇等着你呢！

黑黑的它们是谁呀？

这个黑黑的鸟，被我们国家称做不吉利的象征。早晨起来最不想看到它，如果不幸看到，说不定将会有不好的事情发生。这种鸟叫做乌鸦，是鸦科中的大个头儿。经过很多鸟类专家的研究，发现乌鸦其实是最智慧的种类呢！

乌鸦为什么要装死？

很多小动物都有装死的本领，通常它们在遇到危险的时候，就会用这一招来挽救生命，乌鸦也是用这个方法来求生的吗？

这个问题，曾经也使一个猎人疑惑过。他在林中寻找猎物时，走着走着，突然发现一个奇怪的现象：一只乌鸦将自己翻倒在雪地上，两脚朝天静静地躺着，那一动不动的姿势，看上去就像死了一样。猎人很奇怪，于是在不远处悄悄地观察。

在这只装死的乌鸦旁边还躺着一只死去的海狸尸体，这可是乌鸦的美餐啊！可是后来飞过的乌鸦，为什么在此踱步片刻后，又都相继飞走了呢？过了一会，猎人突然明白了，原来这就是乌鸦装死的原因！它用装死来误导其他乌鸦，让它们以为这只海狸的尸体有毒，于是它就可以独享美食了。

谁是最最聪明的鸟？

在鸟类中谁是最聪明的呢？很多小朋友最先想到的一定是鹦鹉，因为它会学人类说话。真的是这样吗？我们还是听听专家是怎么说的吧！

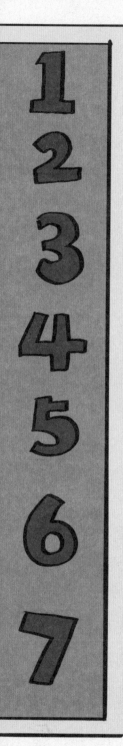

加拿大蒙特利尔麦吉尔大学的一位动物行为学专家路易斯·莱菲伯弗尔，他的一项研究发现，世界上最聪明的鸟并不是我们想象中可以学舌的鹦鹉，而是看似普普通通的乌鸦。小朋友一定很吃惊吧？但是经研究发现，乌鸦的综合智力大概和家犬的智力水平差不多，这样说来，乌鸦就必须具备比家犬复杂得多的脑细胞结构了，看来小小的乌鸦是非常不简单的哦！

不认输的乌鸦！

小朋友在学会说话以后，爸爸妈妈才会教我们从简单的数字数起。可是一只不会人类语言的乌鸦，它也学会数数了吗？

库尔特·西曼是研究鸟类计数能力的专家。一次，他用乌鸦做了个实验，让一只乌鸦看一张标有 5 个点的小卡片。然后专家把一排盖着盖子的小盒子依次打开，里面分别放有麦粒，以乌鸦的学习和计数能力，应该能够正确地数出 5 粒麦粒。

但是这次的实验中，乌鸦却多数出了一粒，正

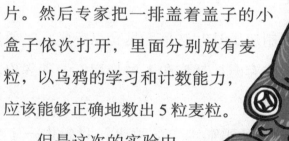

当西曼略有些失望地要在这次的实验记录中打上一个差时，乌鸦竟然又飞回了盒子的前面，把整个实验的过程重复了一遍，这一次它做得非常好。后来经过行为生物学家的无数次实验证明，乌鸦其实是可以数到7的。

黑黑的它发明了什么？

乌鸦能够使用和制造工具？这是不是有点夸张呢？要知道，这种本领可只有人类才有啊！就连和人类最相似的猩猩也不会制造工具呢！

如果小朋友听过"乌鸦喝水"的故事，我想你一定会恍然大悟，在它们感到口渴却喝不到瓶子里的水时，它们会想到用嘴衔起石头丢进瓶子中，你看，这就是一种最简单的制造和使用工具啊。

另外，乌鸦中智商最高的要属日本乌鸦了。在日本一所大学的附近有个十字路口，这经常会有乌鸦在此等待红灯。当红灯亮时，它们就会飞到地面上，把胡桃放到停在路上的车轮下。等到交通灯变为绿色时，车子开动就会把胡桃辗碎，乌鸦们就会赶快飞回地面美餐起来。

猜猜看

真的有白乌鸦吗？

中国有句俗话，说"天下乌鸦一般黑"，这是形容不管什么地方的坏人都是同样的卑鄙。但这句话讲得并不精确，因为在坦桑尼亚还生活着三种"白乌鸦"呢！有一种叫白颈渡鸦，它的颈、背部有像月牙一样的白毛；另一种叫做斑驳鸦，它长得很大，身长有40多厘米呢！颈项就长有白圈，胸部也有白色的羽毛；最后一种叫做斗篷白嘴鸦，它们长得很可爱，像名字一样，有着白色的嘴巴。

真的有会冒火的鸟吗?

在楼兰古国，有这样一个传说：曾经有一种鸟，只要它们长出丰满的羽毛以后，就会一直往南飞，从不停下来休息。直到它们飞到南焰山，用天火将自己的羽毛点燃，最终把它带回楼兰古国，它却在天翼山化为灰烬。死后的它受到了神的惩罚被关在通天塔中，而楼兰王子也被罚关入塔中，同处一塔，这只鸟顽强地保护着王子，只要有入侵者，它的全身就会喷出耀眼的火焰！这只传说中的鸟是谁呢？下面我们就可以看到它哦！

谁被食物染了色？

有一只鸟长着长长的脖子、长长的腿，有着镰刀一样的长喙，看起来非常独特。它们总会穿一身鲜艳的羽衣，可是以粉红色或红白相间为主色调的它们，是怎样拥有这么亮丽颜色的呢？原来这些颜色都来自一种食物，那就是非常有营养的胡萝卜素。这个被食物染了色的大鸟，叫做火烈鸟！

奇特的羽毛会变色！

火烈鸟的羽毛非常神奇，我们看到的是它那一身美丽的红色羽毛，这看起来和其他动物身上的羽毛没什么两样，动物身上的羽毛掉落下来也没什么好稀奇的，这很正常。但是火烈鸟的羽毛如果掉下来，是会有情绪的哦！如果有谁欣赏它艳丽的羽毛想拔下一根留做纪念，你会发现，它们似乎在指责你的行为哦：被拔的羽毛会立刻变成白颜色，就像一个活跃的孩子突然失落沉默一般。

火烈鸟的就餐场所

火烈鸟最喜欢的就餐场所就是水边，因为水边的食物可新鲜了，数量也十分丰富，它们总喜欢集结成一个群体飞到这里。天空中大群的火烈鸟，都保持着头颈向前、腿向后的姿势，整个身体伸得直直的，再加上那鲜艳的羽衣，真是绚烂极了！

火烈鸟最喜爱的美食是水草、小虾和昆虫等，当它们在水边找食物时，就会把腰弯下来，低垂下头，然后张开长喙在水里慢慢往前移，合上长喙后，它又像一个神奇的过滤器一样，把水和泥过滤出去，只留下美味的食物，这样它们就可以美美地一口吞下肚去。

火烈鸟的巢是怎么建起来的？

小朋友都玩儿过橡皮泥对不对？我们可以把橡皮泥捏成长方形，也可以把它捏成正方形，还可以将它滚成圆形。用这些不同的形状，我们可以搭建出不一样的奇趣小屋。火烈鸟也玩儿"橡皮泥"哦，只是它们没有真正的橡皮泥，所以只好拿泥土代替了。当它们盖房子的时候，就会用自己的长喙把湿湿的泥土滚成小球，然后把小球一层一层地堆起来，让它们看起来像个小土墩一样。它们的家就这样建成了吗？还差一步！细心聪明的火烈鸟，还会在家和家之间挖出小沟用来通水呢！

猜猜看

火烈鸟的家在海滨小镇吗?

火烈鸟最喜欢的，就是将自己的家安在一处四面环海的地方，那里不仅空气好，而且也很方便捕食哦。于是，它们总会找到一个被水围绕的小岛安营扎寨，建起一个专属于火烈鸟的小部落。它们每年都会盖新巢，巢型是圆锥形的，而新巢总会盖在老巢的上面，就像盖高楼一样，一层一层地往上搭起来，在动物界，形成了一种独特的"建筑风格"。

会喷水的 "小燕子"

"小燕子穿花衣，年年春天来这里"，小燕子是小朋友们都喜欢的一种益鸟儿，我们常常哼唱着小燕子的歌，看它们从头顶低空飞过。但是小朋友如果看到一种蝶，一定也会误以为它们是最小的小燕子呢！它们不仅会像小燕子一样在低空飞，而且还长了跟小燕子一样的尾巴，这可是小燕子的代表性特征啊！小朋友想不想去看看它们呢？它们正在下面的文章里低飞呢！

这只像小燕子的蝶是谁？

在我们国家生活着一种很小很小的蝶，它们即便将双翅打开也不过只有 2 厘米长。而小朋友见了它们通常都会说："我看到了一只最小最小的小燕子！"可它明明是蝶啊，为什么有那么多的小朋友都会叫它们小燕子呢？原来这种蝶有个非常好听的名字，叫做燕尾蝶。它不仅名字好听，而且长得还很像小燕子呢！

哇！好漂亮的凤蝶

燕尾蝶长得真的很漂亮！人们还给它们起了好多好多名字呢：燕尾凤蝶、粉白燕凤蝶、珍蝶、蜻蜓蝶、白带燕尾凤蝶，这些美丽的名字都归它所有。燕尾凤蝶虽然在凤蝶科中属于体型最小的一种，但它却是凤蝶中飞行技巧最高的。它们的触角和背部都是黑色的，宽宽的头，腹部短短的非常可爱。在一对黑色的翅膀中间，长有一条透明的灰白色带，这条灰白色带沿着内缘中部去找另一条淡灰白色带汇合，而呈波型的外缘，

则镶着白边一直延伸到尾突的末端，形状跟小燕子剪刀似的尾巴像极了！

燕凤蝶的游乐场

开满花的地方总会引来很多的蝴蝶，燕凤蝶也是其中的一种呢！当我们沿林中小路一路走去，常会看到在天空不高的地方，有一只飞快地扇动翅膀的蝶，有着小燕子似的长长的尾突，那肯定就是燕尾蝶了。不管是雄性还是雌性蝶，都会停在花朵上，吮吸花蜜。在它们吸蜜的时候，前翅显得非常活跃，不停地振动着，而尾部也被带动着摆动不停，就连腹部似乎也兴奋地高高翘起，也许这就是它们在表达对花儿的喜爱吧！

花丛中的舞蹈家

燕凤蝶可是个十分活跃的孩子哦，当它们在低空中飞舞的

时候，由于双翅扇动频率飞快，还可以变换各种有趣的姿势，就像在跳一种它们自编的舞蹈，在空中变幻出欢快的舞步。它们时而在空中停留，时而原地打转，还可以左右平移，甚至倒退着飞行，这些都是燕凤蝶的独家创作哦，其他的蝶种都只能羡慕地赞叹观望了！

它们怎么会喷水呢？

在我国南方生活着两种燕尾蝶，一种是绿带燕尾凤蝶，另一种是燕尾凤蝶。当火热的夏天到来时，小朋友都喜欢去游乐场游泳，既有趣又凉快！其实这两种蝶也和小朋友一样喜欢水，很奇怪吧？它们不仅喜欢水，而且还是昆虫界的玩儿水专家呢！在南方的小溪边和湿地上，经常可以看到成群的雄蝶，正贪婪地吸着水，同时你还会发现一件更有意思的事情，它们竟然一边吸着水一边喷着水，就像是在玩儿着一种有趣的游戏。其实它们这样做只是为了把身体内的热量通过喷水的方式排出，这么热的天气，蝶儿们也得想个方法降温啊！

猜猜看

燕尾凤蝶也有防卫武器吗？

这么漂亮的凤蝶，不仅吸引着我们的目光，还会招来很多的敌害，这可怎么办呢？其实它们有着很特别的武器呢，这个武器平时可是看不到的哦！凤蝶的武器是一对黑红色或灰色的触角，被它们藏在头部的后面，通常这对触角就藏在囊里，一旦受到冲击便会突然伸出，同时喷出一种脂肪酸分泌液，这种液体的最大特点就是味道极臭。如果有谁冒犯了一群燕凤蝶的话，就会招至它们一群喷出的臭气，就像是一团化学烟雾弥漫四周。

爱吃蜜糖的虫虫

在这个美丽的大自然中，有一个非常和谐的王国，这个王国依然过着母系氏族的生活。它们的成员很多，每一个成员都有各自的任务。在这里，没有人被监督着生活，可是它们却依然能够很好地完成自己的任务。当这个王国的成员实在太多的时候，其中的一部分就要分出去建造自己的新家了，它们是怎么分家的呢？又有哪些有趣的事情呢？我们一起去参观一下吧！

这个王国可真大啊！

百花丛中，除了蝴蝶，还有另外一群小朋友。它们总是提着小桶四处搜集花蜜，是群喜欢甜甜味道的家伙，小朋友们一定都猜出来了，它们就是我们熟悉的小蜜蜂。小蜜蜂拥有着非常庞大的家族，有时我们会在房檐或是树上看到它们的房子，这个房子可不简单呢！这里就像是一个蜜蜂的王国，一个普通的蜂巢就拥有着大约6万只蜜蜂，其中统领王国的蜂后有1个，雄蜂大约有100个，其他的都是勤劳工作的工蜂，蜂后很少飞出去，它只负责产卵，不断地哺育后代。

蜜蜂的美丽家园

我们生活的大都市里，总会有新的建筑拔地而起。这个时候，就会有很多辛勤的工人在不停地忙碌着，他们建造出的房子好高好高啊！而且让我们的城市变得更加美丽了。其实，在蜜蜂的王国里，也有一些蜜蜂在为自己建造着房屋。每到春、夏之际，就到了蜂群的昌盛时期。这时候的工蜂最辛苦了，它们会为雄蜂建造房子，并且培育出更多的雄蜂来，它们就是这样让整个家族逐渐壮大起来。

哇！好厉害的工蜂啊！

工蜂是蜜蜂王国的守卫者，它们可厉害了呢！有时负责产卵的蜂后也会懒散一下，这时就会引来工蜂的不满。它们会拒绝给蜂后供奉好吃的，还会咬蜂后，把蜂后赶去产卵。当这些卵孵化出幼虫时，工蜂才会变得温柔，它们用宝贵的蜂王浆来喂养这些小宝宝。但这些小宝宝很快就会吃不到蜂王浆了，更多的时候它们只能吃普通的蜂蜜，因为蜂王浆是只有尊贵的蜂后才有资格一直享受的！

蜜蜂的舞蹈有什么用？

当蜜蜂王国越来越壮大时，蜂巢就会变得非常拥挤。蜂群在这个时候就要准备分家了。此时的工蜂最兴奋了，它们争先恐后地冲出蜂巢，在离巢不远处聚集并疯狂地跳起"分蜂群舞"，等到老蜂后飞出巢门，小蜜蜂就会立刻找到附近的一棵树组成一个

重重叠叠的蜂团等待老蜂后的指令。

　　蜜蜂中有大批量的侦察蜂，每到分蜂时节，它们就会成群地飞出去，四处寻找新的巢。当它们发现了合适的巢穴后，就会以"跳舞"的方式汇报方向和距离。批准后，侦察蜂会带着许多的工蜂长途飞行到新巢，由侦察蜂先飞到巢门前，翘着尾巴扇动着翅膀告诉后面等待的工蜂：这里很安全，赶快进来吧！这时工蜂们就会兴奋地一拥而入，在这个新巢里继续繁衍生息。

　　你看，蜜蜂会频繁地跳舞，其实并不是在炫耀自己的舞姿，这些不同的舞蹈正是它们互相沟通的"语言"。侦察蜂就是用不同的舞蹈来传达蜂源的。当它们跳起圆圈舞时就说明蜂源在附近，当它们朝向太阳的某一角跳起翩翩的 8 字舞时就说

明蜂源很远。蜜蜂的生物时钟很准，在它们指挥方向时都会以太阳做方向标及时传达给同伴。

冬天来了，想个办法过冬吧！

冬天好冷好冷啊！小朋友们都穿上了厚厚的衣服，像个小球球一样。可小小的蜜蜂却没有厚厚的皮毛，它们该怎么过冬呢？原来，蜂王也会带领整个王国紧紧地抱在一起，结成球形。

随着温度越来越低，它们会抱得越来越紧。蜂蜜此时也可以帮助它们过冬，蜜蜂吃掉蜂蜜后会产生热量，这种热量会像炉火一样，让蜂巢变得温暖如春。

猜猜看

蜜蜂也是"啃老族"吗？

我们都说要学习蜜蜂的勤劳，可是小朋友们知道吗？小蜜蜂也有坏坏的毛病哦！因为蜜蜂并不都是勤劳的，美国研究人员发现，蜜蜂的勤劳是由体内的一种节律因子在指挥，因子发出指令时它们才会成群地飞出，甚至越洋去四处采蜜。可是这些辛勤的蜜蜂却都是一些老蜜蜂，而那些幼蜂只会养尊处优地待在蜂巢里过着优闲的生活。直到它们长大成年后，才会有规律地工作和劳动。

好漂亮的
一张网啊！

　　织啊织，织啊织，织个大网，网罗天下美食！是谁有这么大的胃口呢？它们其实就生活在我们的周围，在公园的树上或是无人经过的地方，我们都能看到它们留下的美丽的网，这些网的编织技巧非常精湛，这让人类从中得到了很大的启发呢！它们是谁呢？除了织网还有没有其他有意思的事情呢？下面的故事就带你去寻找哦！

长相怪怪的家伙！

这只虫子的长相可真是奇怪呢！它有8只单眼，4对步足，更为奇怪的是它们的牙，那对锋利的牙齿不是长在嘴里的，而是长在了头上，这是什么怪样子呀！虽然这只虫子的长相很奇特，但是虫不可貌相，它们可都是心灵手巧的织网高手呢！

蜘蛛的秘密武器在哪里？

小朋友应该早就猜出来了，这个长相奇怪的家伙就是蜘蛛，在蜘蛛的肚子下面藏着一个秘密的武器哦！这个武器就是一个神秘的纺织器，能吐出无数的丝来，那些漂亮的网就是用这些丝一点一

点结成的。由于蜘蛛的种类不同，所处的环境不同，所以通常我们看到的网的样式也不同。

好神奇的网丝啊！

小朋友看到的蜘蛛网，可不是张普通的网哦！它就像我们穿的鲜艳的毛衣，要用多种不同的线才可以织出来，蜘蛛在织网时也费了不少心思呢！虽然蜘蛛网只有一种颜色，但在选材上，却用了两种不同的丝：一种用来编网的纵丝，非常坚韧；另一种黏黏的横丝就更厉害啦，它可以用来捕捉猎物呢！

嘻嘻……美食从天而降！

网织好啦！这时蜘蛛就会躲在一个安静的角落，等着猎物自己撞上来。一但猎物被网住，它们就会迅速爬过去，把螯（áo）肢插到猎物的体内，分泌出有毒的液

体让猎物麻痹或是死亡，之后它们还会给猎物灌注消化酶，这可不是小朋友吃的助消化的药哦，这是蜘蛛特有的武器，能让猎物的内脏和肌肉液化掉，这样蜘蛛就可以大口大口地把猎物吸食干净啦！

蜘蛛是近视眼吗？

蜘蛛的视力相当的差，但是它们可不是因为常看动画片或趴在床上看书才近视的哦，这可是天生的啊！如果让蜘蛛凭着它们

的视力来捕捉猎物，那估计只剩被当成猎物吃掉的份了。不过上天总是公平的，它们又被赋予了另一种"眼睛"来为它们提供美餐！这个特殊的眼睛还是它们的网，因为蜘蛛趴在网上，一但有猎物被网住，这张网就会因猎物的碰撞而产生震动，蜘蛛就是凭着这种振动来感知猎物的大小和位置的，可见，这些漂亮的网对蜘蛛来讲是多么的重要啊！

蜘蛛真的能勘测天气吗？

　　这可是蜘蛛的小秘密哦！蜘蛛只会在晴天的时候才出来织网的，那它们用什么来感知天气的变化呢？这个用来勘测的秘密武器就是它们肚子下面的那个纺织器，就是前面介绍的那个用来吐丝织网的神秘武器。它们可厉害了！在阴天的时候就会变得很难吐丝，这样蜘蛛就明白了："嗯，看来是要下雨了啊！"然后它就收工走了，直到天空放晴时，这个纺织器才又变成了一个勤劳的工作者。

蜘蛛会不会储藏食物呢？

全世界有统计的蜘蛛一共有4万多种，有一种小囊蜘蛛非常有意思，它会在树上为自己织一个细长的网袋，每当它们捕到食物后，就会把猎物处理好，关到这个网袋里，等它们饿了的时候，就会爬过来，把这个装着食物的袋子弄破，这样它们就不用担心在饿肚子的时候没有美餐了！它们是不是很聪明呢？

猜猜看

在树林里，生活着一个艺术家，它们不仅能盖出精美的房子，而且是自己造纸盖出来的哦！小朋友们惊讶吧？但是我们一定要远离它们，因为它们可是很毒很毒的虫虫哦！这些虫虫非常喜欢自己的家，它们从来不去很远的地方。但是，听说它们早在四千万年前就消失的祖先，不久就要来看它们了，这是怎么回事呢？我们一起去看一下就会知道啦！

啦啦啦～
建个纸房子！

这个厉害的虫虫是谁呢?

　　小朋友们知道吗?有一种蜂专吃肉不吃蜜!它们叫做胡蜂,也被称做黄蜂。因为它们的身体由黑、黄、棕三色组成,更多的以黄色为主,或为单一黄色。成年的胡蜂有着坚厚的体壁,看起来十分光滑。它们在这个世界上有5000多种,而在我国生活的胡蜂有200余种。这个怪怪的家伙,会带来很多奇怪的故事哦!

它们真的会杀人吗?

　　胡蜂的名字可真多啊!其中最可怕的就是"杀人蜂"。这

是怎么回事呢？原来在雌胡蜂的体内藏了件秘密武器——隐秘在腹部末端的毒针，这个毒针是由产卵器形成的，叫做蛰针，蛰针连着胡蜂体内的毒囊，而毒囊分泌出的液体有着很强的毒性。当有人不幸被它蛰到了，它就会把毒液射入人们的皮肤内，但是它们不会把蛰针留下哦！因此，人们给它们起了这个恐怖的名字："杀人蜂"。

胡蜂有个大家族！

每一个小朋友都有自己的家，家里有爸爸妈妈，还有爷爷奶奶等很多的成员！胡蜂也和小朋友一样，有着它们的家，除了一种蜾（guǒ）蠃（luǒ）科的种类，它们没有自己的家，四处流浪，其他种类的胡蜂都有非常壮大的家族，在这个家族中

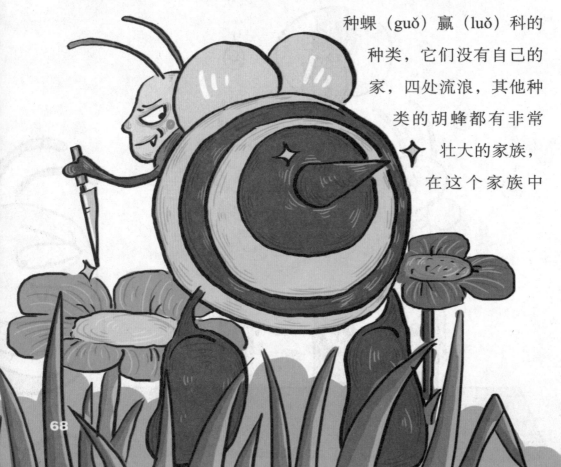

有蜂后、工蜂和雄蜂，它们最喜欢这样热闹的家族生活了！

如果小朋友要去远的地方一定要让爸爸妈妈陪在身边，即便我们能找到回家的路，可是也要防止坏人来伤害我们，所以我们不能自己四处乱走。可是胡蜂为什么也不敢离开家很远呢？它们也怕有坏人吗？其实是因为它们辨认方向的范围只有500米，如果它们去了离家500米以外的地方，就再也找不到家了，所以胡蜂的一生都不会出远门的！

胡蜂为什么没有爸爸？

看着小朋友都有爸爸妈妈的陪伴，可是小胡蜂却找不到自己的爸爸了，它们的爸爸去哪儿了呢？原来蜂后是在前一年秋后和雄蜂交配孕育了小胡蜂的，可是雄蜂却不能够看到自己的小宝宝出世了，因为它们会在交配后不久死去！所以小胡蜂也是由胡蜂家族的一种自然规律所产生的。

胡蜂死而复生了吗？

在波罗的海沿岸的森林里，人们发现了一个4000万年前的胡蜂琥珀，当科学家剖开琥珀取出小胡蜂后，发现它竟然一点都没

有腐烂，就像刚刚死去一样。更为震惊的是，专家从小胡蜂的腹部切下一个薄片用显微镜观察，发现竟然还有活着的细胞，这让科学家兴奋不已，他们准备把古老胡蜂的基因移植到现代胡蜂的基因上，这样，4000万年前的胡蜂就有希望复活啦！

胡蜂用什么造纸的呢？

胡蜂通常会把自己的家建在树杈上，它们的巢结构非常复杂，而且形态各异，有的巢会建得极大，竟然可以达到2平方米。更奇怪的是，这个大房子竟然是用纸建造的！胡蜂是怎么弄来的纸呢？原来它们是天生的造纸专家，它们会在树上刮下木纤维，再掺入唾液进行搅拌，直到一个糊状小团的出现，纸就造好了。人们发现这个过程和人类的造纸程序像极了，胡蜂的这个本领真是让人称赞！它们就利用这些纸，建造出漂亮舒适的房子！

"长鼻子"大侠来啦！

陆地上生活着一个"大侠"，有情有义的它，很容易就会被人们认出呢！这个大侠长着长长的鼻子，大大的耳朵，还有四条粗壮的腿。它们对同类和对所有对它们好的人都充满了感情，可是那些残忍的猎人如果冒犯了它们，它们就要发怒了，它们会怎样对付这些坏人呢？

我们马上来会认识它们吧！还有更多有趣的事情等着我们哦！

这个胖墩墩是谁呢？

在中国、印度和泰国，都生活着一个胖墩墩的大朋友。它们是世界上体型最大的陆栖动物了！而且长得也很奇怪，鼻子像是说谎的阿童木长长的，代替了手臂，可以拾取很重的东西呢。大大的耳朵又像一把大扇子，扇啊扇。还有四根粗大的柱子，这就是它们的腿。这个朋友叫做大象。

大象是群居性动物，当它们群体活动时，善于观察的小朋友就会发现，有的大象长着象牙，而有的却没有。这么珍贵的象牙是不是被坏坏的猎人偷走了呢？其实这只是一种可能，因为长长的象牙只有雄象才会长出来呢，雌象是不长的。所以小朋友再见到大象的时候，看看它们嘴边有没有长长的象牙，就可以分别出它们的性别啦！

为什么大象的体形不一样?

大象和大象之间其实是有区别的哦!它们被分为两类:一类是非洲象,另一类是亚洲象。可是要小朋友对这两种进行分类似乎难了点儿,不过有一个办法,可以让你很轻松地区分它们呢!因为亚洲象的体形会比非洲象的体形略小一些,象牙也会比非洲象的短,最独特的地方要数它们的嘴唇了,亚洲象只有一片单独的嘴唇哦。

大象的鼻子本领大!

在大象的身上,最为突出的特点就是那长长的鼻子。这个鼻子的用途可大啦!它可以像人类的鼻子一样呼吸、分辨气味,还能够搬走路上的障碍物,有时它们还会用长鼻

子摘树上的水果吃，口渴了就把它伸到水里喝水。在大象热的时候，它们的长鼻子又会变成沐浴用的喷头。更有意思的是，经过训练的大象，它们的长鼻子还能吹口琴呢！

大象也是爱干净的孩子哦！你别看它们胖胖的，洗澡可是很有诀窍。它们先用长鼻子把水吸起来，然后弯到身后喷洒全身；有时，它们还像个顽皮的孩子，干脆躺在浅水处，让全身都能浸泡在水中，真是好凉快啊！而且连身上坏坏的寄生虫也被洗掉了呢。所以大象可喜欢在水中玩耍啦！

长寿之星的大家族！

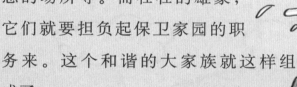

大象是哺乳科中最长寿的动物，根据目前的统计，大象最长可以活到六十岁至七十岁呢！这些长寿的大象最怕孤独了，它们总是群居在一起。在这个大家族中，由雌象作为首领，安排象群每天的活动时间、行动路线、觅食地点，还有休息的场所等。而壮壮的雄象，它们就要担负起保卫家园的职务来。这个和谐的大家族就这样组成了。

大象的感人葬礼

　　小朋友听过大象的"葬礼"吗？那可是十分感人的场面啊！当一头大象死了，一群大象会由头象带领着，用鼻子挖掘泥土，然后卷起一些树枝、石头、土块等来葬埋死去的大象。不一会儿，地面上就会堆起一个土堆，大象们又将土堆踩平踏实，形成一个"象墓"。最感人的是，这个象群还会围绕着"象墓"缓步而行，就像在哀悼亡者！三天三夜以后，这群大象才依依不舍地离去。

　　大象对自己的同类和帮助过它们的人都"情深义重"，但是对敌人或伤害自己的人也"绝不手软"。据说，在一个国家公园中，三个偷猎者射伤了一头大象，受伤的大象被激怒了，于是就向偷猎者冲过去。有两个跑掉了，另一个人惊慌中爬上了一棵大树。愤怒的大象用鼻子将树连根拔起，将那个人摔昏了过去，然后，这些坏坏的猎人，就被大象踩成"肉饼"了！

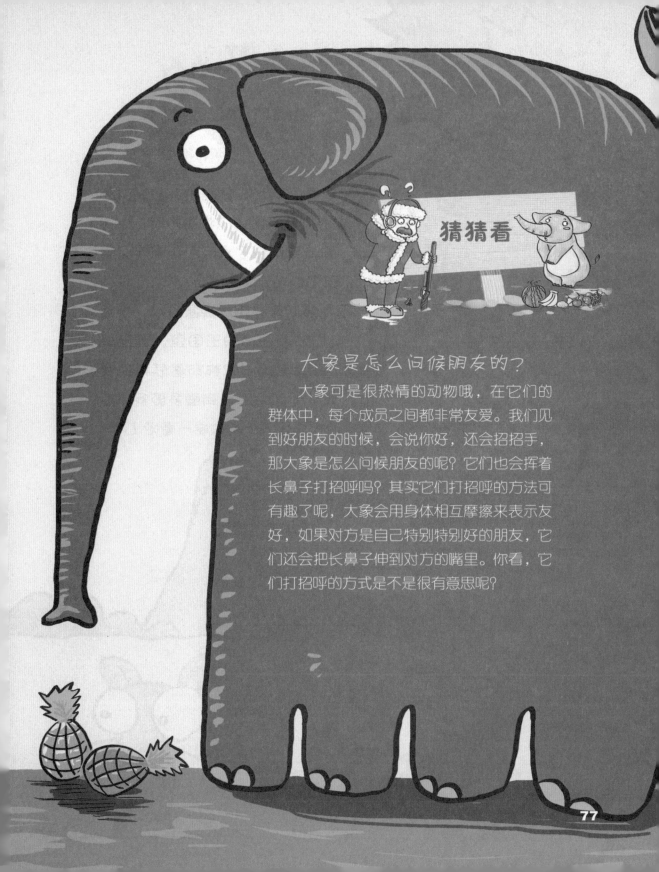

猜猜看

大象是怎么问候朋友的?

大象可是很热情的动物哦,在它们的群体中,每个成员之间都非常友爱。我们见到好朋友的时候,会说你好,还会招招手,那大象是怎么问候朋友的呢?它们也会挥着长鼻子打招呼吗?其实它们打招呼的方法可有趣了呢,大象会用身体相互摩擦来表示友好,如果对方是自己特别特别好的朋友,它们还会把长鼻子伸到对方的嘴里。你看,它们打招呼的方式是不是很有意思呢?

"善变"的
伪装之王

自然界既是残酷的，也是有趣的。为了适应这样的环境，小动物之间形成了大吃小、强吃弱的可怕循环。同时它们还学会将自己伪装起来，用以躲避敌人。小朋友们知道在动物王国里，谁是伪装之王吗？它都有着怎样的变化呢？其实它还有更多更多有趣的故事呢，一起去看一看吧！

这个"三长"动物是谁？

在亚洲西部、印度南部和马达加斯加等地区，生活着一个会变身的爬行类动物。它们的四肢长长的，在高低错综的树枝间，也能够行走自如；另外它们还长着长长的尾巴，这条尾巴像小猴子一样灵活地缠卷在树枝上，让它们不会掉下来。最特别的是它们的舌头，舌头的长度要比它的身体还长呢！它就是大名鼎鼎的变色龙。

变色龙怎样捕猎呢？

变色龙长着一双奇特的眼睛，它们的眼帘很厚，两只眼睛鼓鼓地突出来。在观察四周变化时，这对眼睛可以左右转动180度哦！这两只眼睛最神奇的地方是，它们在同一时间，可以一只向左转，一只向右转！各自分工前后注视，既利于捕食，又能及时地发现敌人。另外在它们的舌头上，还会分泌出

大量的黏液，在捕食昆虫时，长长的舌头可以像突如其来的闪电一样，瞬间就把虫子卷入口中。

哇！好神奇的变身术啊！

在自然界中，很多小动物都有自己独特的防护本领，变色龙能把自己的体色，变得和周围环境一样。这似乎是在隐藏自己，摆脱危险，其实，这只是变色龙的一种心理变化所致。当它们感到害怕或者非常开心时，体色都会做出变化，受到温度的影响也会改变体色。有趣的是，当它们遇到异性时，还会像个害羞的孩子，变换着体色。所以当它们的体色变得和周围环境一样时，那只是一种巧合而已。

变色龙是"伪装之王"吗？

在自然界中，环境的残酷让许多动物都练就了伪装的技巧。变色龙就是伪装术的第一高手，它可以在一昼夜间变换五六种体色，它们的身体就像一个大大的色彩库，里面装着黑、蓝、黄、绿、紫等各种色素细胞，这些色素细胞能让它们在各种环境和心情下，穿上不同颜色的衣服，所以它们是当之无愧的"伪装之王"。

愤怒的变色龙

变色龙也会遇到不高兴的时候，这时它们会变成什么样呢？动物学家在对变色龙进行研究时发现，雄性变色龙对自己的领地有着较强的统治欲，当有入侵者时，它们变化出明亮的颜色来向入侵者发出警告。不仅是雄性变色龙会不开心，雌性变色龙也会有情绪。当它们遭遇不喜欢的求偶者时，雌性变色龙就会用暗淡的颜色，表示自己对对方的冷淡。此外，在气急败坏的变色龙要发动攻击时，身体也一样会变得很暗，像是要把气氛降到最低点。

猜猜看

世界上最小的变色龙有多小？

看过变色龙的小朋友，都会觉得它有点可怕。可是，有一种变色龙，很多人都喜欢把它们放在手中呢。这就是世界上最小的变色龙！它生活在马达加斯加西北海岸一个叫做诺斯比岛的雨林中。人们发现，原本其貌不扬的变色龙，竟然因小巧而显得非常可爱。有人曾把它们放在指甲盖上，一个指甲盖刚好能让它们站稳哦！

世界上最小的变色龙有多小？

嘿！千万别说我是熊！

有一个小动物，因为非常可爱，被一个食品用做"代言人"，食品名就是它们的名字。这个小动物既聪明又可爱，可是仍然有人不喜欢它们，这是为什么呢？它们经常把食物用水洗洗再吃，是不是很讲卫生呢？它们长得非常有特点，只要告诉你它们的特点，即便第一次见到，你也能准确地认出它们来，是不是很想认识它们呢？瞧，它们就在下面呢！

这个小家伙是熊吗?

在北美洲，生活着一种可爱的小动物，它叫浣（huàn）熊。虽然它的名字中有个熊字，但长得却一点也不像熊。这个浣熊和小熊猫一样，同属于浣熊科。它们长着细长的四肢，鼻子也是长长的，带有黑斑的脸，看起来非常俏皮。要想一眼认出它们来并不难，因为那儿长有圈圈的粗壮尾巴，和黑色的面孔，是小浣熊最显著的特点。

嘘！神秘的小偷在这儿！

浣熊有着超强的适应能力，它们最初生活在森林中，慢慢地，接触的人类越来越多，它们的胆子也变得越来越大，于是部分的浣熊把家搬到了靠近人类居住的地方。在野外生活的浣熊，从虫子吃到了果实，属于

杂食性动物。而到了城市后，浣熊便在垃圾箱里寻找东

西吃，有时还会用它们灵巧的手，抓住居民门上的把手，毫不客气地开门进屋，四处搜寻，大大方方地饱餐一顿。再加上它们眼睛周围长有条纹，很像带了一副黑色的面具，因此，加拿大人打趣地称它们为"神秘的小偷"。

"游泳健将"的逃生术

浣熊最喜欢在夜晚出来活动了！因为常在夜晚偷食居民的东西吃，浣熊遭到了北美洲人残忍的对待。他们带上猎狗四处捉拿浣熊，可是浣熊还有一个高超的本领，它们在游泳方面可

是天才！常在水里捕食的习性很快被猎狗知道了，它们沿着河流追寻浣熊的踪迹，当猎狗来到浣熊不远处时，机警的浣熊一下子就游跑了，逃到了高高的树上。猎狗的追捕行动，往往都是以失败而告终。

　　但有时候，猎狗也是很怕浣熊的哦。一只健壮的雄浣熊，如果生起气来也是很厉害的！如果在水中，猎狗遇到了这样的雄浣熊，那可就要倒霉了！雄浣熊会借助较好的水性，骑到猎狗的头上，把猎狗的头狠狠地往水里浸，或是用锋利的前爪使劲地击打猎狗的头。可不要看浣熊小哦，它的爪力可是非常大的，此时的猎狗常常会因为失去抵抗的力气而被淹死在水中呢！

浣熊住在哪里呢？

　　虽然浣熊住在有居民的地方，但是它们会在离开地面很高，很隐蔽的树洞里安家，这样白天的时候，它们就可以安安全全地睡个美觉了！一年四季中，它们每天都会在天色变暗时离开树洞，直到第二天清晨才返回。只有天气变得很冷的时候，浣熊才会赖在树洞里待上一段时间。

洗呀洗！怎么变得更脏了呢？

从浣熊的名字来看，"浣"就是"洗"的意思。它们的名字可透露了一个小秘密哦！浣熊就像一个爱干净的小朋友，它们总要把手中的食物伸到水里洗洗。但专家解释说，浣熊这个洗的动作，只是一代一代遗传下来的习惯，它们时常还把食物放在泥水里洗呢，这样，拿出来的食物，会比之前的还要脏哦！

猜猜看

又粗又大的尾巴
能为浣熊做什么呢?

浣熊又粗又大的尾巴，就像它们的
标志。这个尾巴不仅让它们看起来更可
爱，还为它们的生活带来了很多的方便
呢。浣熊的尾巴长长的，毛色华丽又茂
密。上面黑白相间的圆环看起来很有特
点，这其实是浣熊的一种保护色呢! 当
它们在树上活动的时候，这条大大的长
尾巴又像平衡木一样，时刻给它们平稳
的步态。

快抓住它啊！一根树枝逃跑啦！小朋友们一定觉得是看错了吧？其实在自然界里，的确生活着一个很像树枝的小动物。它们可是森林中的小恶魔哦！常常汇集在一起破坏森林的生态平衡，还会变身来躲避对手带来的危害！因此我们是很难发现它们的。它们是谁呢？小朋友们继续往下看吧！

真的有会走路的拐棍吗？

如果小朋友在有很多树枝的地方玩儿，顺手抓住一根树枝，说不定它就会突然活了呢！其实，这只是一个伪装成树枝的小虫子，叫做竹节虫。竹节虫最喜欢躲进一大片一大片的树枝里睡大觉了，这个时候的竹节虫就像一根枯萎的树枝，而且它们的伪装技术非常高呢！如果它不动，小朋友们根本分辨不出哪个是树枝哪个是它们。有趣的是，竹节虫的名字，还在英文中被译为"会走路的拐棍"哦。

"森林魔鬼"的本领

竹节虫在饮食方面还是比较喜欢清淡的，所以它们总是以吮吸植物为生，绿色食品有益健康嘛！这种饮食方式虽然值得我们学习，但是它们却因此得了"森林魔鬼"的称号。 这是为什么呢？原来它们的繁殖能力非常强，导致数量过多而影响了其他植物的正常生长。尤其到了繁殖季节，无数的竹节虫会将大批量的树木毁掉，所以在森林里，它们可不是个受欢迎的孩子哦！

这个不受大森林欢迎的小孩，有时还很坚强呢。一般小虫子在面对敌害时，都会选择装死来躲避，或者干脆老老实实地束手就擒。但是竹节虫可是个怪脾气的孩子，它们才不允许别人抓到自己呢。一旦落入敌手，竹节虫就会毫不犹豫地将自己的手脚挣断迅速逃跑，这是不是很恐怖呢？其实不用担心，因为竹节虫的手脚都是有再生功能的，过不了多久它们就会长出新的手脚来。

竹节虫的保护符

每到夏天的时候，毒毒的太阳光就会把小朋友的皮肤晒得黑黑的，这个时候我们的肤色就像换了件外衣一样，直到夏天过去，皮肤才会慢慢白起来。可是小朋友们知道吗？当温度下降时，竹节虫的体色也会变暗呢，再到温度升高时，它们的体色才会变成灰白色，而这样的变化，恰恰是它们躲避天敌的好方法哦，对竹节虫来说，这可是它们强大的保护符呢！

竹节虫都有彩色的翅膀吗？

其实不是所有的竹节虫都有翅膀的，这只是一小部分，而更多数的竹节虫都没有长翅膀。那些长翅膀的竹节虫拥有着非常艳丽的翅膀，这些翅膀可不是用来装扮自己的哦，它们能在敌人侵入时，闪耀出眩目的光来迷惑对方，此时它们就会趁机赶快逃跑，因为这束光只能停留很短暂的时间，它们一落地翅膀就被收起，那道光就消失了。

世界上最长的竹节虫在哪儿？

竹节虫身体细长细长的，像竹枝一样趴在竹叶上，如果不仔细找，是根本发现不了的。但是有一个超级长的竹节虫，终于被人们发现了。那是在印尼的森林里，人们无意中发现了一个巨型的竹节虫安静地生活在那里。专家称，在昆虫王国 100 万种昆虫中，它算是独占鳌头啦。于是，这个深入简出的大个儿头，就得了一个"世界上最长昆虫"的头衔。

为什么我没有爸爸呢？

竹节虫的爸爸去哪儿了？

慢吞吞的竹节虫最不喜欢白天了，这个时候它们通常会待在树枝上睡懒觉，直到夜晚来临，黑黑一片时，才是它们活动的时间。竹节虫会选择一个自己觉得安全性高的树枝，然后把它们的一个卵宝宝产在上面。可是这个宝宝的性子就更慢啦，它们通常要待到一年至两年才能孵化出来。更为奇怪的是，有些竹节虫是没有爸爸的，它们是由妈妈自己带到这个世界上来的。

猜猜看

夜空下的
"吸血魔王"

在我们的生活里，总有一个坏虫虫的存在，赶也赶不走。它们会在我们不注意的时候，悄悄吸我们的血，害得我们长出红红的疱。虽然这个坏虫虫很小，可是小小的它却藏着很多秘密，我们平常很难观察到哦！听说，它们也为人类的研究作了贡献呢！而且这个研究会让小朋友非常开心。它们是谁？往下看就知道啦！

是哪个坏虫虫咬了我们？

夏天一到，我们的皮肤上总会有痒痒的小红疱。这是长出来的吗？原来这是被一个坏虫虫咬的，它就是我们熟知的蚊子。其实蚊子中也有"素食主义"者，因为只有雌蚊子才会吸我们的血，而雄蚊子却是吃素不吃荤的。雄蚊子只会吃植物的花蜜和果子，吸食植物的汁液为食。其实，雌蚊子来吸人血也有自己的苦衷，为了繁衍后代，它们非吸不可！

蚊子是五颜六色的吗？

因为蚊子太常见了，而且又很小，所以小朋友平时很少关注它们，但是真的问你，蚊子是什么颜色的时候，不知道你是否还能答得出呢？通常我们都认为蚊子是黑色的，这么小的家伙，还能有多少颜色呢？你可不要小瞧它们哦，在蚊子的体表上面，覆盖着很多形状、颜色不同的鳞片呢，而这些鳞片都会呈现出不同的颜色来哦。

坏蚊子竟然有六根毒针！

我们不喜欢蚊子的最大原因，就是它们嘴上那根毒针。其实我们都被蚊子骗到了呢！让小朋友身上长疱的，是蚊子的口器，而这个口器是由6根螯针组成的，并非我们平时想象中的一根。小朋友一定很难相信，那么小的蚊子怎么长得下6根针呢？其实这些针是比我们头发还要细的小管子，而蚊子的嘴，就像个小夹子一样，同时夹起这6根针，这样就成了一个强大的吸血武器了！

小翅膀也有大秘密吗?

　　蚊子这么小，它们的叫声有时却扰得人难以入眠，这是怎么回事呢？原来蚊子的声音并不是从嘴里发出来的，那是它们的翅膀在叫哦！它们的翅膀可厉害呢，虽然看起来又软又薄，但当蚊子飞行的时候，这对翅膀就会显出威力：它们每秒钟都会有超强的振动。通过这些强振动，你就能听到"嗡嗡"的声音了。

　　别看这只是一只小蚊子，身体的结构也是很全呢！它们的身体可以分为三部分，有头、胸、腹。而且蚊子可不是个小胖子，它们拥有着纤细的腿和身子。而且在它们的身体上，除了长有一对翅膀供它们飞翔外，还有另一对翅膀哦！你们能猜出它是做什么的吗？哈哈，那可是蚊子的平衡器！

好厉害的坏孩子！

　　要在平时，不要说6根针了，用1根针来扎我们的皮肤，也会感觉很疼很疼的。可是蚊子是怎么做到悄悄地吸走我们的血呢？原来它们的口器长得很巧妙，呈锯齿状，这样与人的皮肤接触的面积就会很小，这样小的面积，人的神经系统是不会察觉的，自然也就感觉不到疼了！当蚊子的口器刺到皮肤里，就会分泌出很讨厌的唾液，这些唾液会让我们的血液不被凝结，它们就可以

想吸多少吸多少了，但是它们谁的血都会吸，所以在它们的唾液中自然会有很多的细菌，这就是让我们后来感到痒和疼痛的原因了。

这个针和蚊子有什么关系？

小朋友最不喜欢打针了，打针虽然能为我们治病防病，但是医生把针头扎在我们的皮肤上还是会很疼呢！不过有个好消息要告诉你们哦，日本的科学家通过对蚊子口器进行研究，研制出了一种模仿蚊子口器的医用针头，这种针头非常精细，而且针上还带有细小的锯齿哦！这样，针头与我们的皮肤接触面积就变小了，小朋友再打针时，就不会感到疼啦！

那个"小伞"
是水的妈妈吗?

一把小伞通常用来给小朋友遮阳挡雨。但是小朋友们知道吗？在浩瀚的海洋中，有一把神奇的小伞，它可以自由地活动，而且还会吃东西呢！当有敌情的时候，它们会利用自己的武器击退敌人，并且很有大侠风范地守护着一些小鱼们。它们是谁呢？据说很多小朋友从它们的名字上发出了疑问，难道水也有妈妈吗？嘿嘿，小朋友们猜出它是谁了吗？答案马上揭晓！

呀！这个小雨伞长了手臂呢！

在大海里，住着这样一种与众不同的小家伙，它们游动的时候，会张开身体，像把小伞一样。它们的身体几乎透明，在伞的边缘还长出很多须状的触手。那么小朋友们猜到它是谁了吗？很多小朋友会问它们是水的妈妈吗？当然不是，水是没有生命的，所以没有妈妈，只是这个小家伙的名字叫"水母"。

水母为什么是腔肠动物？

腔肠动物大多生活在海水中，身体中央空空的，就像一个空袋袋。形体像是一把小伞，或是一个时间钟。它们最具特点的，是都有触手。这些触手十分敏感，生有刺丝囊的刺细胞，末端还藏有带毒的细线。一旦碰到食物，这根毒毒的刺线就会从刺丝囊中伸出来，直接刺入猎物体内来获取食物。是不是很厉害呢？水母可就是其中的一员哦！

会游动的水球

我们通常都说水嫩的皮肤要常补水，如果没有为身体补足水分，皮肤就会变干，还会长皱纹呢！所以小朋友们一定要养成多喝水的好习惯，这样就可以维护自己的好皮肤了。不过在海洋里生活的水母，就太过于爱护皮肤了，身体里竟然有90%以上都是水分，这让它们的身体都变成透明的了。

上来下去的它们在干吗？

水母的身体里其实不只是水分哦，在它们的体内还藏着一个很特别的东西，这是一个可以产生一氧化碳的腺体。当它们喷出一氧化碳时，像伞一样的身体就会膨胀起来。

在它们遇到坏天气或敌害的时候，也会用上这种方法，将气体排出体外，水母就会迅速沉入海底躲藏起来了。

等到一切风平浪静的时候，只需要一小会儿的时间，它们就又可以膨胀着浮起来了。

水母最不喜欢"硬壳壳"

在海洋中，水母最不喜欢海龟了，因为这些长着硬壳的家伙总

喜欢咬它们的手。这是为什么呢？因为水母的触手是海龟非常喜欢吃的美味哦，而且海龟可以在水母的触手间自由穿梭，即便水母生气也拿它们没招，它们甚至能轻而易举地扯断这些触手。而那些可怜的触手，在海龟的嘴里上下扭动着直到没了力气，海龟就得意扬扬地大口将它们吞下！

猜猜看

水母为什么要保护这些小鱼？

在茫茫的大海中，如果没有自己的伙伴那会是很孤单的事情。所以水母当然也有它们的伙伴了，总是黏附在水母触手下面的小牧鱼就是它们的好朋友。这些小牧鱼最喜欢水母了，每次遇到大鱼时，机灵的小牧鱼就会一溜烟地钻到水母的触手下面，这时候它们不仅避开了大鱼的追击，还为水母带来了食物，当水母成功地捕获了这条大鱼后，就会美美地吃上一顿，而小牧鱼则四处收集水母吃剩的碎渣，这些也足可以让弱小的它们饱餐一顿了！

游啊游，
小星星住在大海里

"游啊游，游啊游，它们都说我住在天上，可是我明明是住在大海里的呀！"这是怎么回事呢？住在海里的小星星可没有天上的小星星那么温柔哦，它们可是肉食主义者呢！但慢吞吞的它们怎么才能捕到猎物？这个猎物未免也太笨了吧。另外，我们还看到了好多断手断臂的它们呢，是不是海里的这些小星星常出去打架啊？咱们还是快去看看它们吧！

小星星游到了大海里

　　炎热的假期，小朋友们是不是都很喜欢去海边玩儿呢？在海边，大家都喜欢到海滩上拾宝。当潮水退去时，幸运的小朋友就可以拾到一个五角形的小动物，就像小星星一样，但它们的体型比天上的星星看着大多了，这个小动物就是海星。海星有着非常鲜艳的身体，像五角星一样周围有五个腕，每个腕都与身体形成了一个对称轴。

嘻嘻，还有比我慢的哦！

　　别看海星平时老老实实地待在海底沙地，或是礁石上，看起来很安静，一副与事无争的样子，其实它们很会伪装的，一旦有机会，那副欺负弱小的劲头就会暴露出来了！这些总是一动不动的小家伙，最爱吃肉了！可是它们爬得非常慢，就只好把目光对准了贝类、海胆、螃蟹和海葵这样比它们行动更加缓慢的动物。

这个慢吞吞的海星，其实非常具有智慧。当它们捕食的时候，会避开自己不能猛攻的弱点，面对猎物时巧妙地采取迂回战术。慢慢地接近猎物后，它们会用腕上的管足按住猎物，再用整个身体将对方包住。之后，就要用上它们的秘密武器了，它们会把一个胃袋从嘴里吐出来，包住猎物的软体部分，然后悠然地享受这份胜利的美餐！

海星是好妈妈吗？

虽然海星对待食物非常的凶残，但是它也有温柔的一面，那

就是在面对自己孩子的时候。当它们产卵后，就会把自己的腕竖起来，让它们形成一个保护伞的形状，像个摇篮一样。海星妈妈把自己的卵藏在里面，耐心地看护着它们。直到完全孵化成功，小星星才会被妈妈放出来自由活动。

畸形海星是这样产生的

海星的本领可大了，如果不是被海水冲上岸边，你是很难逮到它的哦。在水中畅游的海星，一但遇到敌害，不幸被抓住腕时，它们就会毫不犹豫地将腕挣开，然后迅速逃跑。不过你不用担心，海星的再生能力可是很强的，不仅每一个腕脱落后都可以再生，就连它们体内的器官也有同样的本领呢！但是它们再生出来的腕也和原来的不一样，它们通常都会比原来的小，所以看到海星时，如果它是畸形的，小朋友们也不用太过奇怪。

快来报名运动会！

海星的种类可多呢！在黄海和渤海里，住着一种常见的肉食性海星，形状很像五角星，身体扁扁的，平摊在沙滩上，长长的腕向周围伸开。它们在管足上还长有吸盘，当运动时，吸盘可以吸住地面，支撑起身体能够一下就翻过来，这种海星叫

做海盘车。

　　另外有一种镶边的海星，腕心非常长，但不同的是，它们的腕足上却没有长吸盘，运动时依靠腕的前端，将像手臂一样的腕足插在沙土里，一个腕抬起，身体就会倾倒，通过这样的方式一点点往前挪动。

猜猜看

海星是用鼻子呼吸的吗？

　　海星最怕太阳了，太阳对它们来说可是致命的杀手呢！这是为什么呢？因为海星没了湿气就会无法呼吸。海星用来呼吸的系统，并不是小朋友想象中的鼻子，而是海星的背部，它们的背部是以鳃组织形成的，如果太阳把它们的背晒干，它们就会无法呼吸，甚至会干死。

爱唱歌的
"体育健将"
在飞吗？

大自然中充满了乐趣和秘密，那里的生活一点也不比人类的生活单调哦。你听，每天清晨天还没亮，那里就有小动物在用歌声叫大家起床啦！听说，这里还有不明的"飞行物"呢！据说这个神出鬼没的家伙和人类很像哦，这是有人在捣鬼吗？可是它们每天都生活在哪里啊？它们是谁呢？让我们一起去丛林探险，找出它们吧！

吼吼吼，丛林中的大歌星！

"啦啦啦，啦啦啦，我是丛林的歌唱家。"听，是谁这么大早就开始唱歌啦？每天，当黑夜即将过去，那一段长达15分钟的歌声便响彻天际，叫醒了周围所有贪睡的小动物！它就是丛林中的歌唱家——长臂猿先生！它的这一习性，是一位英国的学者，

通过长期观察发现的。不管是雌性的还是雄性的长臂猿，它们都是每天第一个打破寂静的歌者！

但是，长臂猿可不是所有地方都能见到的哦！它只生活在东洋区的部分地区，这其中包括婆罗洲、马来半岛、中印半岛。在我们国家的云南和海南岛同样也有长臂猿的领土，这些长臂猿都喜欢暖暖的温度，所以只有在云南和海南岛的热带雨林、季雨林中，才可以发现它们的身影哦。

长臂猿在飞吗？

　　长臂猿的个头儿不大，活动起来十分敏捷，手臂长长的却没有尾巴。在树与树之间，是它们最喜欢活动的地方。长臂猿可以运用长长的手臂，一下就荡出很远很远的距离，有时候，甚至会让人怀疑它们是在飞呢！虽然它们没有飞的本领，但是除了跳跃，长臂猿还可以直立在地面上行走哦。

长臂猿的生活和我们一样吗？

　　小朋友年龄太小了，所以还需要爸爸妈妈的照顾，等到长大以后，就要学会独立处理所有的事情了。长臂猿也和我们有着类似的生活呢！小时候的它们，也会和爸爸妈妈一起生活很多年，等到长大以后，长臂猿就会外

出，去找和自己共同生活的伴侣，之后建立起自己的
地盘，重新开始它们的生活。

快看看，我们的血型一样吗？

长臂猿不仅生活和我们类似，就连它们的身体结构也和我们差不多呢！比如我们一般都有32颗牙齿，而多数的长臂猿也是一样。另外它们的大脑和神经系统在动物界是十分发达的，仅次于人类。更有趣的是，长臂猿也是有血型的，根据观察，它们的血型也有A型、B型和AB型，只是O型血目前还没有在它们当中发现。

长臂猿也会消失吗？

目前，长臂猿的数量令人堪忧。据记载，最早的时候，长臂猿在我国很多地方都可以看到。后来，在江苏还发现了一个两千年前的长臂猿化石。可是，现在只有云南和海南岛还有它们的存在了。而气候的变迁

和人类对森林的破坏，都是长臂猿日渐减少的主要原因。如果这些不能引起人类的重视，以后，可爱的长臂猿就只能出现在童话中了！

猜猜看

长臂猿的歌声藏着什么秘密呢？

长臂猿会在每天清晨用歌声迎来第一缕曙光。然后，吃完早饭，还要站在树上唱一段，这些长着长长手臂的家伙也太痴迷音乐了吧！那我们就理解错啦，这里面可没有那么简单哦！长臂猿之所以站在高高的树上唱歌，是为了引起邻近同类的注意，向同类们示威，要让它们知道，这块地盘已经有主人了，想从此过的，想上此树的，可就要准备好战斗啦！

在很远很远的澳大利亚，生活着一种有趣的小动物，它可是澳大利亚的土著哦。这个小动物被澳大利亚人视为国宝，和我们中国的大熊猫一样珍贵。它的身上长了一个大袋袋，最喜欢暖暖的阳光了，所以它们总是白天趴在树上晒太阳，懒懒地合着眼睛，很悠闲的样子。直到夜晚，才出去活动筋骨。这个小动物是谁呢？住在那么远的地方我们很难见到，那就在下面的文字中去了解一下吧！

它为什么不喝水呢?

在澳大利亚，生活着一种小动物，它们憨态可掬的样子让很多人都非常喜欢。常有人不远万里地来到那里和它们合影留念。这个小动物就是考拉！

考拉可是一种香香的小动物哦，有一种桉树叶的香味和它们的气息一样。桉树叶可是个补充水分的好东西，因为考拉每天要吃好多的桉树叶，所以，它们能够几个月都不用喝水呢！但是小朋友吃的东西和它们的不一样，所以可不能学它哦。"考拉"的名字，在当地就是"不喝水"的意思，给它起这个名字是不是很形象呢？

考拉会盖房子吗？

考拉总会带着小宝宝在外面走，那它们的家在哪儿呢？考拉的家就在树上，它们可不像其他小动物那样，有个固定的窝儿。它们总是懒懒地趴在树上睡觉，走到哪棵树，哪棵树就是它们的家。虽然它们的睡眠时间很长，可是想要抓到它们，还真不是件简单的事呢！因为这些贪睡的小家伙十分的机警，稍有响动，它们就会马上跳到别的树上去，才不会给敌害留下半点的机会呢！

考拉的神奇拇指

小朋友都有双神奇的小手，这双小手不仅会写字，还能做出有趣的小东西，画出美丽的画，弹出活泼的乐曲……其实不仅小朋友为自己的手指骄傲，考拉也一样呢。考拉基本是在树上生活的，很少到地面上来，可奇怪的是，不管树干有多滑，考拉都能灵活地在上面散步。原来在它们的手指中藏着一个宝贝哦，这个宝贝就是拇指间的大夹角，这个大大的夹角，能让考拉的爪子变得更强壮，这样，它们就能很好地握住树枝，不管什么情况，都不会让自己掉下去。

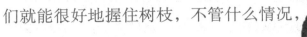

天气这么好！去沙滩走一走吧！

大海对很多小朋友来说，都是一个有趣又神秘的地方。在不远处，我们循着海声走到了沙滩上，沙滩好软啊！我们可以用沙土搭个小堡垒，挖个山洞洞，呜呜呜……咦？山洞洞的那边，爬来了几只小考拉！它们不是生活在树上的吗？怎么也来沙滩散步啦？

嘿嘿！考拉可不是来散步的，它们是

来吃沙土的！这是怎么回事呢？原来沙土和小石子都是有助消化的好东西哦。所以考拉偶尔也会离开它们深爱的大树，来到沙滩上吞食小石子和沙土，之后还会通过被消化的食物，把它们排出体外呢。

呜呜呜……妈妈不理我了！

在很小很小的时候，我们才刚刚学会走路，我们都很兴奋，走着跑着叫着，"叭"就摔在了地上，我们觉得可委屈了，很想让妈妈抱抱，可妈妈会在不远处，鼓励我们自己站起来。因为宝宝在一点点长大，要学会坚强，学会自己处理事情。

考拉宝宝也要面对这一天呢。最初，小考拉会被妈妈放在肚子上面的育儿囊里，这个育儿囊就像一个大袋袋，只是这个袋袋好奇怪啊！它的入口是开在下面的。这就让小考拉为难了，因为一不小心，小考拉就会从袋袋里面掉下来。开始妈妈还会对宝宝

很好，但是后来，小考拉长大一些了，再掉下来时，妈妈就不管它了。原来这个时候的小考拉长大了，它要学会自己独立生活，不能总依赖妈妈，所以，妈妈才不得不装做漠不关心，好让它快快长大！

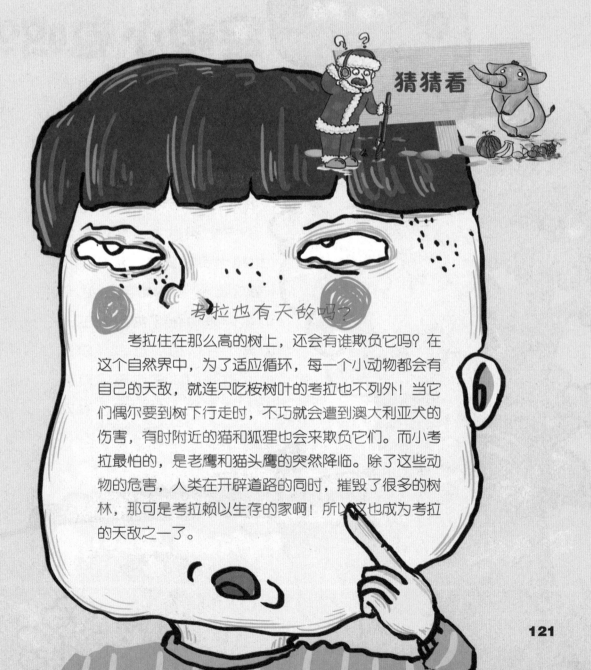

猜猜看

考拉也有天敌吗？

考拉住在那么高的树上，还会有谁欺负它吗？在这个自然界中，为了适应循环，每一个小动物都会有自己的天敌，就连只吃桉树叶的考拉也不列外！当它们偶尔要到树下行走时，不巧就会遭到澳大利亚犬的伤害，有时附近的猫和狐狸也会来欺负它们。而小考拉最怕的，是老鹰和猫头鹰的突然降临。除了这些动物的危害，人类在开辟道路的同时，摧毁了很多的树林，那可是考拉赖以生存的家啊！所以这也成为考拉的天敌之一了。

善良的"长脖子"是胆小鬼吗？

动物园是小朋友很喜欢的地方，那里有很多很多来自远方的朋友！其中有一个祖籍是亚洲，却移居国外的高个子，总会远远地注视着我们。小朋友兴奋地跑过去，它们也会热情地凑到身边，那样子可美了！长长的睫毛，让它们看起来像化了妆的公主一样闪亮！它们很少出声，总是温柔地看着我们。这个高子真的是个好脾气吗？它到底会不会发火呢？我们去了解一下吧！

动物王国的高个子

　　如果动物王国要排队开会的话，有一个小动物一定会排到最后面，因为它们实在是太高了，在陆地上最高最高的就是它了。这个小动物的脖子非常的长，因此它最爱吃长在高处的树叶，它就是小朋友喜欢的长颈鹿。长颈鹿长得好高好高啊！这不仅让它们能吃到各种各样的树叶，还能让它们望到更远的地方呢。自然界的美景被它们尽收眼底，比其他小动物的眼界都要开阔。而且敌人要想侵害它们，一定要跑得很快，或者是个隐藏专家才行，否则，就凭长颈鹿的高度，远远地就会发现它们的！

长脖子带来的麻烦！

　　很多的事情都有好有坏，你看，长颈鹿就是一个很好的例子。它长着很多人都羡慕的长脖子，看起来非常优雅，可这长脖子不仅给长颈鹿带来取食上的方便，同时还给它们带来了喝水的麻烦。当长颈鹿感到口渴的时候，就要努力地分开两条前腿，就像是学舞蹈的小朋友在练习劈腿似的。这样它们才能把高高在上的头低到水面上。喝完水后，要想站直身子，还要费好大的工夫呢！它们先得把脖子扬起来，再迅速放下，通过这个力量把两腿合拢，这个完整的喝水过程才算告终。你看，长脖子是不是也很麻烦呢！

1、2、3……长颈鹿到底有几个角啊？

站在动物园中，小朋友能够近距离地观赏长颈鹿。有时，一只小长鹿走到小朋友的面前，细心的小朋友会看到在它们的额头上长了两个角。和这只长颈鹿打过招呼以后，我们来到另一个更高个子的长颈鹿面前，可是，1、2、3……这个长颈鹿怎么长了5个角啊？这是怎么回事呢？原来第一个看到的长颈鹿是个小孩子，在长颈鹿小的时候，额头上只会长出两个角来，而到它们长大以后，还会长出另一个角来，这还不止呢，它们的头顶上，有两个大角也会在冒大后冒出来哦。

所以成年的长颈鹿一共要长出5个角呢。当然，因种类的不同，长颈鹿长角的数量也会不一样，这只是一个长角数最多的长颈鹿哦！

长颈鹿的麻烦来啦！

长颈鹿长得那么漂亮，而且又是个好脾气，我们都很喜欢它，谁也不想伤害它，可是，在自然界中，有一个凶猛的动物，总是暗藏在远远的地方，趁机悄悄地扑向它们，这个动物就是狮子！它可是动物界的首领，谁要是遇到它就很难逃脱掉。不过长颈鹿个子很高，通常离得很远就会看到它们的行踪，这时，它们尽快逃开。可当它们喝水的时候，就有麻烦了，暗藏等待时机的狮子，此时会凶狠地给长颈鹿一个措手不及，让正在喝水的长颈鹿还没有反应的机会，就被尖牙利爪的狮子折断了脖子。这个可怜的大个子，足可以让狮子美餐一顿了。

长颈鹿为什么不说话？

长颈鹿不仅脖子长，它们用来取食的舌头也很长很长呢！这样，在高高地方的食物，只要长颈鹿伸长了脖子，再加上灵活的长舌头，一点不用费力气就可以吃到啦！但是，你别看它们的舌

头长，却不会吵人哦。因为它们是没有声带的安静动物，即便偶尔听到它们发出声响，那也不是真正意义上的叫声呢！这些美丽的长颈鹿，因此更留给人们温顺而优雅的感觉。

猜猜看

长颈鹿用什么方法攻击敌害呢？

长颈鹿看起来好温柔啊！当它们遇到敌人时，是不是可能用逃跑的方式来挽救生命呢？其实长颈鹿发起威来也是很厉害的呢，就连狮子有时也不敢轻易靠近它们。它们长了一双非常有力的后腿，当不识时务的狮子或豹子来袭时，长颈鹿就会用它们的后腿猛攻敌人，有时，连这两个凶残的天敌也会招架不住，被它们踢翻在地，甚至还会被踢死！你看，这就是发威后的长颈鹿！

小测试

1、蚊子有几根毒针？

　　① 2根　　　　② 4根

　　③ 6根　　　　④ 8根

2、年龄最大的鹦鹉有几岁？

　　① 60岁　　　② 85岁

　　③ 105岁　　　④ 110岁

3、动物中的"伪装之王"是谁呀？

　　① 浣熊　　　② 变色龙

　　③ 考拉　　　④ 长臂猿

图书在版编目(CIP)数据

无奇不有的动物王国 / 纸上魔方编著. —重庆：重庆
出版社, 2013.11
（知道不知道 / 马健主编）
ISBN 978-7-229-07128-8

Ⅰ.①无… Ⅱ.①纸… Ⅲ.①动物—青年读物
②动物—少年读物 Ⅳ.①Q95-49

中国版本图书馆 CIP 数据核字（2013）第 255623 号

无奇不有的动物王国
WUQI BUYOU DE DONGWU WANGGUO
纸上魔方 编著

出 版 人：罗小卫
责任编辑：胡 杰 刘 婷
责任校对：曾祥志 胡 琳
装帧设计：重庆出版集团艺术设计有限公司·陈永

重庆出版集团
重庆出版社 出版

重庆长江二路 205 号 邮政编码：400016 http://www.cqph.com
重庆出版集团艺术设计有限公司制版
重庆现代彩色书报印务有限公司印刷
重庆出版集团图书发行有限公司发行
E-MAIL:fxchu@cqph.com 邮购电话:023-68809452

全国新华书店经销

开本:787mm×980mm 1/16 印张:8 字数:98.56 千
2013 年 11 月第 1 版 2014 年 4 月第 1 次印刷
ISBN 978-7-229-07128-8

定价:29.80 元

如有印装质量问题,请向本集团图书发行有限公司调换:023-68706683